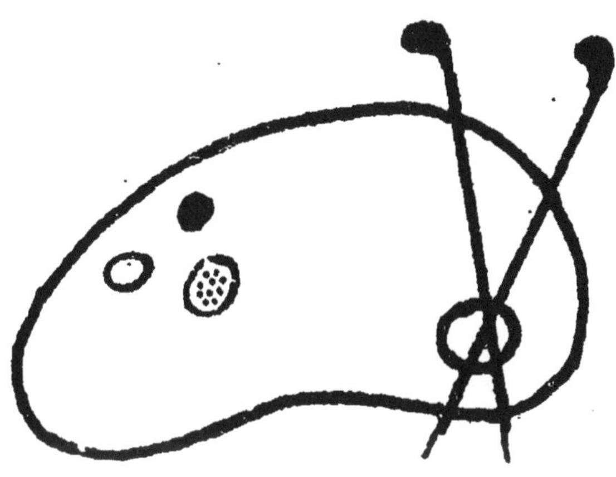

Couvertures supérieure et inférieure
en couleur

RECHERCHES

POUR SERVIR

A L'HISTOIRE GÉNÉRALE DE LA MONSTRUOSITÉ

DANS LES ANIMAUX,

ET PAR SUITE

A L'HISTOIRE DE LA GÉNÉRATION.

THÈSE

Présentée et soutenue à la Faculté des Sciences de Paris, le 23 juillet 1827,

PAR PIERRE-ALEXANDRE CHARVET, de Grenoble,

Département de l'Isère,

Pour obtenir le grade de Docteur ès-sciences.

PARIS.

IMPRIMERIE DE MARCHAND DU BREUIL,

Rue de la Harpe, n° 80.

1827.

ACADÉMIE DE PARIS.

FACULTÉ DES SCIENCES.

MM. le Baron	THENARD, doyen.	Professeurs.
	LACROIX.	
	BIOT.	
	DESFONTAINES.	
le Baron	POISSON.	
	GAY-LUSSAC	
	FRANCOEUR.	
	GEOFFROI-SAINT-HILAIRE.	
	BEUDANT.	
	MIRBEL.	Professeurs-Adjoints.
	HACHETTE.	
	DE BLAINVILLE.	
	DULONG.	
	CAUCHY.	
	POUILLET.	
	DELAFOSSE.	Suppléant.

RECHERCHES

POUR SERVIR

A L'HISTOIRE GÉNÉRALE DE LA MONSTRUOSITÉ

DANS LES ANIMAUX,

ET PAR SUITE

A L'HISTOIRE DE LA GÉNÉRATION.

(Je ne présente ici que l'extrait d'un travail étendu que je publierai sous ce titre, et dans lequel je me propose d'étudier les diverses monstruosités, d'après la dissection de plusieurs monstres que j'ai reçus de M. de Blainville, et d'après des recherches nombreuses faites dans les auteurs qui en ont observé : j'ai recueilli, en outre, tous les exemples dont j'ai eu connaissance dans chaque monstruosité, en remontant, toutes les fois que je l'ai pu, aux descriptions originales.)

Les premiers auteurs qui s'occupèrent des monstres d'une manière spéciale ne cherchèrent à mettre aucun ordre dans l'énumération qu'ils en firent; Lycosthène, cependant, dans son livre *de Prodigiis*, les avait rangés suivant la date de leur apparition; c'était déjà sentir le besoin d'un système. Schenck est un des premiers, je crois, qui, dans son traité intitulé *Monstrorum historia memorabilis*, ait cherché à les grouper suivant des rapports tirés de la monstruosité ou de l'être qui la présente. Il fit deux grandes divisions; l'une pour les monstres de l'espèce humaine, l'autre pour les monstres des autres animaux, et passant immédiatement aux faits de la monstruosité, il réunit ensemble tous les individus qui présentaient le même vice de conformation; ainsi tous les monstres à deux têtes sur un seul tronc, tous les monstres à deux troncs pour une seule tête, tous ceux qui manquaient de membres supérieurs seulement, etc. : mais ces différens groupes étaient rangés presque au hasard dans son traité.

Depuis lui, on sentit de plus en plus le besoin d'une classification ; plusieurs furent proposées et abandonnées successivement, jusqu'à l'époque où Bonnet fit connaître celle qui a été suivie le plus généralement avec quelques modifications presque jusqu'à ce jour.

Cet auteur divisa les monstres en quatre classes : ceux par *excès*, ceux par *défaut*, ceux qui présentent des anomalies dans la *structure* des parties, et enfin ceux qui en présentent dans la *situation* des parties. C'est la classification qu'adopta Blummenbach ; c'est celle de Buffon, qui ne fit que réunir les deux dernières classes de Bonnet en une ; c'est celle encore de Meckel, qui aux trois classes de Buffon en a ajouté une quatrième pour les hermaphrodites.

Vers la fin du dernier siècle, un anatomiste italien, Malacarne, publia aussi une classification remarquable, parce qu'il ne s'en tint pas, comme la plupart de ses prédécesseurs, aux principales divisions, et surtout parce qu'il essaya une nomenclature générale, que dans ces derniers temps M. Breschet a reprise et étendue au mot *déviation organique*, dans le 6ᵉ volume du Dictionnaire de médecine. Malheureusement de nombreuses difficultés s'élèvent contre son emploi, une des moindres serait l'introduction dans la science d'une foule de mots nouveaux, souvent beaucoup trop compliqués pour pouvoir être d'un usage facile.

MM. Chaussier et Adelon, dans l'article *monstruosité* du Dictionnaire des science médicales, ont donné aussi une classification dans laquelle ils ont conservé les grandes coupes de Buffon ; mais ils ont établi, de plus que lui, des subdivisions où ils ont cherché à réunir, autant que possible, les monstruosités qui avaient entre elles de l'analogie. Leur distribution bien préférable, sans contredit, à toutes celles qui avaient précédé, est encore loin d'atteindre le but que l'on doit se proposer dans une classification méthodique ; ce qui tient, comme l'a dit M. Geoffroi Saint-Hilaire, à ce que jusqu'à présent en voulant imiter les naturalistes dans leurs méthodes, on a suivi une marche contraire à la leur. Les naturalistes commencent par étudier chaque être en particulier dans tous ses détails ; ils déterminent ainsi les espèces, les placent d'autant plus près les unes des autres qu'elles se ressemblent davantage, en réunissent plusieurs pour former des genres, remontent de ceux-ci à l'ordre, de l'ordre à la classe, et arrivent ainsi à comprendre dans un tableau une série d'êtres rangés suivant leurs plus grands degrés d'affinité les uns à l'égard des autres.

Pour les monstres, on a fait tout le contraire, on a disposé à l'avance des cadres, et pour les remplir, on a souvent été obligé de forcer les rapports en séparant des faits similaires, pour rapprocher des faits qui n'avaient entre eux aucune analogie.

La marche inverse était donc préférable, pour arriver à une classification plus méthodique que celles qui ont été suivies jusqu'à ce jour; c'est celle que j'ai employée, sans arriver pourtant aux mêmes résultats qu'en zoologie, ce qui est, je crois, impossible. Dans cette dernière science, on part de bases positives; il existe des individus provenant d'êtres semblables à eux, ayant des caractères fixes, et pouvant se reproduire avec ces caractères pendant une série infinie de générations, ce qui constitue des espèces. On peut se tromper, prendre des variétés pour des espèces, regarder des espèces comme des variétés; les espèces n'en existent pas moins dans la nature. Il n'y a même que cela qui ne soit pas artificiel pour le naturaliste; toutes les autres coupes de genre, d'ordre, de classe, sont des créations arbitraires de son esprit.

Il est évident, d'après cela, que les monstres ne peuvent pas constituer des espèces comme on l'entend pour les êtres organisés régulièrement. On pourra établir, avec plus ou moins de bonheur, des groupes auxquels on donnera le nom d'espèces; mais ils seront arbitraires, parce qu'on n'aura plus égard à l'origine de l'être, mais seulement à des formes et à des degrés de combinaison d'organes, qui seront aussi nombreux que les individus, si l'on veut entrer dans tous les détails de leur organisation.

Buffon avait bien senti cette différence; après avoir parlé des variétés qui constituent les races dans l'espèce humaine, il ajoute : « Après ces variations générales, il y en a d'autres qui sont plus particulières, et qui « ne laissent pas que de se perpétuer, comme les énormes jambes des hommes qu'on appelle de la race de Saint-Thomas, dans l'île de Ceylan, les « yeux rouges et les cheveux blancs des Dariens et des Chacrelats, les six « doigts aux mains et aux pieds dans certaines familles, etc. Ces variétés « singulières sont des défauts ou des excès accidentels, qui, s'étant d'abord trouvés dans quelques individus, se sont ensuite propagés de race « en race, comme les autres vices et maladies héréditaires; mais ces différences, quoique constantes, ne doivent être regardées que comme des « variétés individuelles qui ne séparent pas ces individus de leur espèce,

« puisque les races extraordinaires de ces hommes à grosses jambes ou à « six doigts peuvent se mêler avec la race ordinaire, et produire des indi- « vidus qui se reproduisent eux-mêmes. On doit donc dire la même chose « de toutes les autres difformités ou monstruosités qui se communiquent « des pères et mères aux enfans : voilà jusqu'où s'étendent les erreurs de « la nature ; voilà les plus grandes limites de ses variétés dans l'homme ; « et s'il y a des individus qui dégénèrent encore davantage, ces individus « ne reproduisant rien, n'altèrent ni la constance, ni l'unité de l'espèce. »

Nous établissons donc en principe, que l'on ne peut avoir que des divisions artificielles dans les monstruosités, ce qui ne doit pas empêcher de ranger les faits dans l'ordre de leurs rapports les uns à l'égard des autres, et de se rapprocher ainsi des méthodes naturelles.

Ces considérations nous ont déterminé à ne pas employer dans cet essai de classification le mot *espèce;* nous lui substituerons le mot de *groupe*, et nous éviterons par là de rappeler sans cesse une analogie qui n'existe pas entre les espèces telles qu'on doit les concevoir en zoologie, et les espèces telles qu'on peut les admettre dans les monstruosités.

Nous avons pu conserver avec moins d'inconvéniens les mots de genre, d'ordre, de classe, usités en histoire naturelle, parce que ces divisions sont toujours arbitraires, comme nous l'avons déjà dit, et que l'on peut par conséquent créer aussi bien des genres de monstruosités que des genres d'animaux, puisque les uns n'existent pas plus que les autres dans la nature. Je ne pourrais pas dire la même chose des familles; c'est encore une division qui doit appartenir exclusivement à la nature, étudiée dans ses productions régulières.

Je me borne à indiquer les divisions que j'ai établies dans les monstruosités, en énumérant, comme exemples, les groupes les plus remarquables de chaque genre.

1re CLASSE. Monstruosités pouvant exister sur un fœtus simple.

1re SOUS-CLASSE. Anomalies dans la structure des organes.

Group. *a*, taches cutanées, envies; *b*, albinisme, mélanisme; *c*, état lobuleux des reins, cartilagineux des os.

2e SOUS-CLASSE. Anomalies dans la *disposition* des organes.

1er *Ordre.* Développement *irrégulier* des organes ou monstruosités par irrégularité.

1er GENRE. Dans la *symétrie*.

Group. *a*, développement inégal des deux moitiés du corps ou des deux moitiés d'un organe médian ; *b*, existence d'un ovaire d'un côté et d'un testicule de l'autre, sur des individus appartenant à des espèces dans lesquelles les sexes sont ordinairement séparés. (Vu sur l'homme, le loir, le brochet, la carpe, le merlan, etc.)

2e GENRE. Dans la *position*.

Group. *a*, direction ou situation vicieuse des poils, des plumes, des dents ; *b*, luxation des membres ; *c*, déplacement des viscères thoraciques ou abdominaux, formant hernie ; *d*, position des reins dans le petit bassin, des testicules dans l'abdomen. (Vu sur l'homme, le chien, le loup, le cheval, le bœuf.)

3e GENRE. Dans la *forme ou configuration*.

1er SOUS-GENRE. *Forme générale, taille*, etc. ; ce qui donne :

1°. Les races.

2°. Les mulets.

2e SOUS-GENRE. Dans la *configuration proprement dite*.

Group. *a*, difformités des membres, kyllose ; *b*, estomac multiloculé, appendices intestinaux ; *c*, foie ou poumons multilobés ; *d*, vessie urinaire multiloculée.

3e SOUS-GENRE. Dans la *disposition des tubes et conduits*.

1°. Dans la *distribution*, *division*, etc., des vaisseaux.

2°. Dans la *terminaison* des tubes.

Group. *a*, ouverture du rectum dans la vessie, l'urètre, le vagin ; *b*, du canal cholédoque dans l'estomac ; *c*, des uretères dans l'urètre ; *d*, du vagin dans le rectum.

4e SOUS-GENRE. Par *réunion*.

1°. Entre des parties non *symétriques*, mais placées d'un même côté de la ligne médiane.

Group. *a*, entre des dents ; *b*, entre des côtes ; *c*, entre des doigts.

2°. Entre des parties *symétriques latérales* qui se sont rapprochées sur la ligne médiane.

Group *a*, Entre les deux reins ; *b*, les testicules.

3°. entre des parties *symétriques médianes*.

Group. *a*, adhérence de la langue au plancher de la bouche ou au palais ; *b*, de l'épiglotte à la base de la langue ; *c*, de la verge à la ligne ventrale de l'abdomen chez les animaux à pénis libre.

5e sous-genre. Par *imperforation* ou *rétrécissement*.

1°. *Obstruction* de canaux ou d'orifices.

Group. *a*, oblitération du tube digestif; *b*, des ouvertures des paupières; *c*, de l'anus, etc.

2°. *Cloisonnement* par existence d'une membrane *perpendiculaire* à l'axe.....

1°. D'un orifice.

Group. *a*, de la pupille; *b*, de la bouche; *c*, de l'anus.

2°. D'un tube.

Group. *a*, cloisonnement perpendiculaire à l'axe du canal digestif; *b*, de l'urètre; *c*, du vagin.

6e sous-genre. *Cloisonnement longitudinal*.

Group. *a*, du tube digestif; *b*, de la vessie; *c*, de la matrice ou du vagin.

7e sous-genre. Par *division* ou non réunion.

1°. Sur la ligne médiane.

Group. *a*, fissures labiale; *b*, linguale; *c*, sternale; *d*, ombilicale; *f*, hypogastrique et vésicale; *g*, scrotale ou hypospadias.

2°. Sur les côtés.

Group. *a*, fissure labio-maxillaire ou bec de lièvre.

8e sous-genre. *Persistance* de tubes et conduits existans pendant la vie fœtale.

Group. *a*, trou botal, canal artériel, veine ombilicale; *b*, ouraque; *c*, canal inguinal.

2e *Ordre*. Développement en *moins* des organes ou monstruosités par *absence*, par *défaut*.

1er genre. Absence par *destruction* d'organes consécutivement à des maladies.

Group. *a*, anencéphalie, amyélie, acéphalie.

2e genre. *Absence* de *parties médianes* avec rapprochement consécutif de parties latérales similaires.

Group. *a*, monopsie, absence de mâchoire supérieure, de mâchoire inférieure, de face; *b*, syrènes ou réunion des membres postérieurs. (Vu chez l'homme, le veau, le mouton, le poulet.)

3e genre. Monstruosités par *défaut* proprement dit.

1er sous-genre. Pouvant être considérées comme un arrêt de développement.

Group. *a*, absence de poils, de plumes, de dents; *b*, absence des organes de la vision, de l'audition; *c*, absence d'appendices maxillaires, costaux, de membres; *d*, d'une partie du canal digestif; *e*, du cœur; *f*, d'organes génitaux.

2e SOUS-GENRE. *Par absence complète essentielle.*

Group. *a*, vertèbres en moins, absence de faisceaux musculaires; *b*, de rate; *c*, de vésicule biliaire; *d*, de reins, de vessie.

3e *Ordre*. Développement en *plus* des organes ou monstruosités par *excès*.

1°. Dans l'époque du développement.

Group. *a*, sortie prématurée des dents.

2°. Dans le volume.

Group. *a*, macrocéphalie, macroglosie; *b*, prolongement coxygien chez l'homme; *c*, développement du clitoris.

3°. Dans le nombre.

Group. *a*, dents surnuméraires; *b*, vertèbres, côtes, muscles, doigts surnuméraires; *c*, langue double; *d*, organes génitaux, mamelles surnuméraires.

2e CLASSE. Monstruosités par *réunion de plusieurs fœtus*.

1re SOUS CLASSE. Monstruosités par *inclusion*.

1°. Dans une *cavité viscérale*.

2°. Dans un *sac saillant* à l'extérieur.

2e SOUS-CLASSE. Monstruosités par *greffe*.

1er *Ordre*. Greffe en *implantation*.

1er GENRE. Implantation céphalique.

2e GENRE. Implantation troncale. (*Heterodelphes*, Geoff.-St.-Hil.)

3e GENRE. Implantation brachiale.

4e GENRE. Implantation crurale.

2e *Ordre*. Greffe en *soudure*.

1er *sous-ordre*. Soudure *bout-à-bout*.

1er GENRE. Maxillaire. (*Hypognates*, Geoff.-St.-Hil.)

2e GENRE. Sincipitale.

2e *sous-ordre*. Soudure *longitudinale*.

1er GENRE. Par les lignes *ventrales*.

Group. *a*, fœtus soudés par les faces; *b*, par les sternums; *c*, par l'ombilic; *d*, par les pubis.

2e GENRE. Par les lignes *dorsales*.

Group. *a*, fœtus soudés par les occiputs; *b*, par le dos; *c*, par les sacrums.

3e GENRE. Par les lignes *ventrales*.

Group. *a*, fœtus soudés par les régions temporales; *b*, par les côtés du tronc.

Je dépasserais de beaucoup les limites ordinaires d'une thèse, si je voulais présenter toutes les considérations qui m'ont porté à établir la classification que je viens d'exposer : je dirai seulement quelques mots sur des monstruosités qui paraissent tout-à-fait différentes, et que pourtant j'ai rapprochées comme analogues. Ainsi, j'ai placé avec la monopsie les syrènes, ou la monstruosité par réunion des deux membres postérieurs en un seul médian, parce que dans celle-ci il y a destruction ou état imparfait du sacrum, et par suite réunion des os iliaques que la fin du rachis aurait dû maintenir séparés; de même que, dans la monopsie il y a absence d'os ethmoïde, et par suite réunion des orbites. Dans la monopsie, c'est une altération du cerveau qui paraît être la cause de la monstruosité; dans l'autre cas, il paraît que c'est une altération de la moelle dans le renflement qui correspond à l'origine du plexus sacré.

Dans les monstres par *soudure* sur les lignes ventrales, j'ai rapproché comme analogues les soudures face à face, les soudures par les sternums, et les soudures par les pubis, parce que dans tous ces groupes il y a une disposition commune très-remarquable; les deux faces, les deux sternums, les deux pubis sont déjetés latéralement par rapport à chaque fœtus; de telle sorte qu'une des faces, par exemple, est formée par la moitié droite de la face du sujet *a* et la moitié gauche de la face de *b*, l'autre face étant formée de la moitié gauche de *a*, soudée à la moitié droite de *b*.

De même pour le thorax : il est formé dans les soudures ventrales de deux sternums latéraux; la moitié droite de l'un appartient au fœtus *a*, la moitié gauche à *b*, et réciproquement un sternum diamétralement opposé est formé de deux moitiés appartenant aussi aux deux fœtus. Chacun de ces os reçoit des côtes venant de chacun des rachis; en sorte que les deux sternums sont communs aux deux fœtus.

Enfin, dans la soudure pubienne, quoique les fœtus paraissent ajoutés bout-à-bout sur la même ligne, la soudure est encore ventrale; l'os pubis droit du fœtus *a* s'est soudé à l'os pubis gauche de *b*, et a formé une symphyse latérale opposée diamétralement à une symphyse semblable formée par la réunion du pubis gauche de *a* et droit de *b*.

Je m'appuierai dans cette théorie d'une autorité bien puissante; M. Geoffroi-Saint-Hilaire, à qui je faisais part dernièrement de ce résultat de mes recherches, est arrivé de son côté à expliquer de la même manière les monstres à faces opposées, par la seule considération des fœtus soudés par les pubis.

Ne pouvant entrer ici dans une foule de détails qui m'entraîneraient trop loin, je vais me borner à quelques considérations générales sur les monstruosités; considérations dont plusieurs ont été entièrement négligées jusqu'à ce jour, et dont on tirerait probablement des données utiles aux progrès de la science, si les observateurs y portaient leur attention d'une manière convenable.

Ces considérations sont relatives : 1° à des rapports numériques entre les fœtus bien conformés et les monstres, ou entre les diverses monstruosités, et à des rapports de concomitance de certaines monstruosités entre elles; 2° à des circonstances qui accompagnent la naissance des fœtus monstrueux; 3 à des circonstances inhérentes à ces êtres; 4° à des circonstances environnant les parens.

1°. *Rapports numériques et de concomitance.*

Du nombre des fœtus monstrueux par rapport aux naissances. — Des tables statistiques faites avec soin dans ce but, pourraient seules fournir des données positives sur les rapports numériques qui peuvent exister entre les fœtus bien conformés et les monstres dans l'espèce humaine; on saurait en même temps si les rapports sont toujours les mêmes ou s'ils ne varient pas avec des circonstances appréciables telles que le climat, la hauteur du sol, l'accumulation des individus sur un même point, etc. Dans l'état actuel de nos connaissances il serait tout-à-fait impossible d'établir quelque chose à cet égard; à peine jusqu'à ce jour quelques auteurs s'en sont-ils occupés. Ruysch dit avoir trouvé deux fœtus monstrueux sur douze; Wrisberg, deux sur cinq; Auteurieth, trois sur dix-neuf. Évidemment ces nombres donneraient une moyenne trop forte; et d'ailleurs elle serait prise sur des quantités trop limitées pour pouvoir servir de base. Dans une note extraite des registres du dispensaire général de Westminster et insérée dans les transactions philosophiques (1781, t. 71), on lit que sur dix-neuf cent vingt-trois enfans de l'un et l'autre sexe, il y en avait huit de monstrueux, c'est-à-dire un sur deux cent quarante à peu près, ce qui semble devoir se rapprocher davantage de la moyenne que les nombres précédens.

On n'est pas plus avancé sur les rapports de nombre des diverses monstruosités entre elles ; on sait seulement que certaines difformités sont beaucoup plus fréquentes que les autres ; tous les jours on a des exemples d'hydrorachis, d'hydrocéphalie, de kyllose et autres monstruosités résultat de maladies ; tandis qu'il est beaucoup plus rare de rencontrer ce que l'on peut appeler des monstruosités essentielles, comme l'implantation troncale, la soudure longitudinale, ou bout-à-bout, etc. Dans la note déjà citée, on voit que sur les huit fœtus monstrueux il y avait deux cas d'hydrorachis, deux d'anencéphalie, deux de bec de lièvre ou de fissure à la voûte palatine, un de réunion des doigts entre eux, et un seul de réunion de deux fœtus par les lignes latérales ; le monstre avait deux têtes, quatre bras, deux membres abdominaux ; il était mâle.

La concomitance de plusieurs monstruosités sur le même individu est une chose fort ordinaire. Sans parler des monstruosités qui paraissent liées nécessairement ensemble, comme l'absence de l'appareil olfactif avec la monopsie, et où l'on ne peut même pas toujours distinguer quelle est celle des deux monstruosités qui est consécutive à l'autre ; c'est une chose bien remarquable qu'un vice de conformation un peu considérable est presque toujours accompagné de plusieurs autres qui semblent quelquefois en être tout-à-fait indépendans, soit parce qu'ils ont leur siége dans des parties éloignées, soit parce qu'ils n'appartiennent pas au même genre d'altération, [illegible] ils se rencontrent très-rarement avec la monstruosité principale. L[illegible]res fois, au contraire, il y a des rapports évidens quoique non nécessaires, entre certains vices de conformation ; on le voit pour les altérations du centre nerveux, comme l'hydrocéphalie, l'anencéphalie, etc., qui sont si fréquemment accompagnées de bec de lièvre, de hernies abdominales, d'imperfection des membres. D'autres fois aussi, il y a une coïncidence si fréquente entre certaines monstruosités, que l'on ne peut pas mettre en doute la corrélation, quoique l'on ne sache comment l'expliquer. Ainsi, sur vingt-cinq fœtus humains atteints de monopsie, j'en trouve six ayant des doigts et des orteils surnuméraires ; la même difformité accompagne l'anencéphalie et autres altérations du cerveau, quoique moins souvent proportionnellement. Il est donc probable qu'elle en dépend, sans que je puisse dire comment cela a lieu.

2°. *Des circonstances accompagnant la naissance des fœtus monstrueux.*

Viabilité. — Un très-grand nombre de monstres naît avant terme. Les uns sont morts-nés, d'autres sont dans un grand état de faiblesse et de maigreur, et meurent promptement. Certaines monstruosités, l'anencéphalie, l'acéphalie, la monopsie, doivent faire déclarer le fœtus non viable; d'autres au contraire n'influent en rien sur son existence. Ce ne sont pas toujours les difformités les plus apparentes qui permettent le moins la vie, mais ce sont en général celles qui intéressent les systèmes vasculaire ou nerveux dans leur partie centrale. On concevra facilement, d'après cette règle, comment un fœtus pourra se développer avec un acéphale implanté soit à l'épigastre, soit dans toute autre région, pourvu que le cœur et le cerveau n'offrent pas d'anomalie. De même on concevra la viabilité chez des fœtus soudés par les régions sacrées, tandis qu'elle est pour ainsi dire impossible dans les soudures ventrales ou latérales dans lesquelles le cerveau ou le cœur présentent presque nécessairement des imperfections.

Jumeaux. — La présence simultanée de deux fœtus dans la matrice ne paraît pas être une des causes occasionelles les moins fréquentes de la monstruosité chez l'homme et d'autres espèces unipares. C'est une circonstance tellement ordinaire dans l'acéphalie, qu'un savant anatomiste, M. Geoffroi-Saint-Hilaire, l'a regardée dans ces derniers temps comme une condition nécessaire au développement de cette monstruosité. Il est certain que presque toujours les acéphales naissent avec d'autres fœtus, et que l'on a à peine deux ou trois cas bien avérés où la grossesse fut simple. Ce n'est pas d'ailleurs la seule monstruosité qui paraisse favorisée par cette circonstance; nous pourrions en indiquer plusieurs autres où elle s'est rencontrée un certain nombre de fois; elle est indispensable pour les monstres par duplicité, si en effet ils résultent de la réunion de deux êtres d'abord distincts.

Une autre particularité qui se rattache à la précédente, c'est que des femmes qui avaient eu plusieurs fois des jumeaux, ont eu aussi des fœtus monstrueux, soit avant, soit après leurs autres couches.

Ce n'est pas seulement dans l'espèce humaine que la présence d'un deuxième fœtus paraît favoriser le développement anomal de l'un d'eux ou des deux ; cela se voit aussi sur d'autres espèces unipares comme le bœuf. Ev. Home a vu plusieurs veaux hypospades nés avec d'autres veaux bien conformés. Dans les espèces multipares, le chien, le chat, le cochon, la fréquence des monstres pourrait bien tenir à cette circonstance ; mais il faut faire attention pourtant que le nombre des fœtus étant plus considérable, celui des monstres doit être augmenté proportionnellement.

3°. *Des circonstances inhérentes à l'être monstrueux.*

Sexe. — Depuis long-temps Chiistell et d'autres auteurs ont dit qu'il naît plus de monstres du sexe femelle que du sexe mâle ; Haller avait trouvé sur quarante-deux monstres trente femelles et neuf mâles seulement ; sur les trois autres le sexe était nul ou douteux. Ce serait donc un tiers de mâles pour deux tiers de femelles : la différence serait encore plus considérable suivant Meckel ; il parle de soixante femelles pour vingt mâles, c'est-à-dire trois quarts des unes pour un quart des autres.

Ces nombres ayant été pris presque toujours sur des monstres doubles, ne peuvent servir de base générale ; et d'ailleurs il y a des différences suivant les groupes de monstruosités. Je pourrais citer des vices de conformation qui se rencontrent aussi souvent sur des individus mâles que sur des femelles ; telles sont par exemple les monstruosités par défaut, résultat de maladies, anencéphalie, hydrorachis, etc., pour lesquelles je ne trouve pas de différences bien sensibles, quoique l'on ait dit qu'il naissait plus de femelles dans ces montres. Certains vices de conformation sont même plus fréquens sur les mâles ; tels sont l'épispadias, l'implantation troncale ; quoique en général les monstres femelles soient les plus nombreux, comme l'ont dit Haller et Meckel.

Cela est au reste assez bien en rapport avec la fréquence des monstres dans les grossesses doubles, puisqu'il est d'observation que les jumelles sont bien plus nombreuses que les jumeaux. D'après le registre du dispensaire de Westminster déjà cité, sur dix-neuf cent vingt-trois naissances il y avait eu quarante-six jumeaux, dont seize mâles et trente femelles ; c'est presque le double comme l'on voit.

On peut entrevoir jusqu'à un certain point les causes de ces différences :

ne serait-ce point que les organes génitaux, pour arriver à l'état mâle, ayant pour ainsi dire une évolution de plus à subir que pour rester à l'état femelle, ce dernier sexe se rencontrera plus souvent lorsqu'une cause affaiblissante agira sur le fœtus. Ainsi les fœtus jumeaux naîtraient plus souvent femelles que mâles, par la même raison qu'ils naissent plus souvent faibles que vigoureux. Il en serait de même pour les fœtus monstrueux, et ce qui semblerait encore confirmer cette hypothèse, c'est que c'est précisément dans les monstres doubles et dans ceux qui offrent des arrêts de développement, que le sexe femelle prédomine davantage. Cependant il y a des exceptions remarquables à ces généralités.

Espèces. Il semble que plus une espèce est élevée dans la série, plus elle est exposée aux anomalies congéniales : c'est sans doute une des causes de la grande fréquence des monstruosités dans l'espèce humaine ; les autres mammifères y sont aussi très-exposés. Chez les oiseaux les monstres sont déjà plus rares, parce que l'organisation moins avancée est exposée à moins d'imperfections ; ils sont encore plus rares dans les reptiles, dans les amphibiens, dans les poissons. Au-delà des vertébrés, c'est à peine si l'on en a rencontré quelques-uns dans le nombre prodigieux des êtres qui s'y trouvent, et dont les générations se renouvellent si fréquemment, que l'on devrait avoir des occasions continuelles d'y observer des individus monstrueux, si l'organisation de plus en plus simple ne les rendait infiniment rares.

En envisageant la série des animaux d'une manière moins générale, on trouve dans la classe des mammifères et dans celle des oiseaux des différences sensibles qui ne sont plus autant en rapport avec le degré d'organisation. Il serait difficile de dire pourquoi certaines espèces de mammifères offrent plus souvent que d'autres des produits monstrueux : c'est un fait constant que les chats parmi les carnassiers, les lièvres parmi les rongeurs, les cochons parmi les animaux ongulés, sont ceux qui en fournissent le plus; quelques espèces de ruminans en produisent aussi beaucoup, tandis que les espèces lapin, cochon d'Inde, cheval, n'en offrent que peu d'exemples, et qu'il en existe à peine sur l'âne.

Certaines monstruosités semblent aussi affecter certaines espèces : ainsi les membres antérieurs manquent assez fréquemment sur le chien ; les chats sont très-souvent monstrueux par accolement de deux individus;

la monopsie est beaucoup plus fréquente proportionnellement sur le cochon que sur les autres espèces; elle est presque la seule monstruosité qui ait été vue plusieurs fois sur le cheval. Il est encore plus rare de voir sur cette dernière espèce des monstres doubles que des fœtus jumeaux, et l'on sait combien ces derniers y sont peu communs.

Parmi les oiseaux, on trouve beaucoup plus rarement des monstres à deux corps ou à deux têtes chez les pigeons, que chez les poulets; chez les canards que chez les oies. Ces différences ne sont pas toujours explicables; cependant quelques unes sont évidemment en rapport avec l'organisation des espèces qui les présentent. La fréquence de la monopsie chez le cochon et le cheval, sa rareté chez le chat, pourraient bien tenir au développement énorme des lobes olfactifs chez les premiers et à leur petitesse chez le chat, ce qui est en rapport avec la théorie la plus probable sur le mode de formation de la monopsie.

4°. *Circonstances environnant les parens.*

Climat. L'influence du climat sur la monstruosité est encore une de celles que l'on n'avait jamais cherché à apprécier jusqu'à ce jour; et cependant elle paraît très-prononcée sur l'espèce humaine, au moins d'après les résultats que j'ai obtenus. En général les monstres sont beaucoup plus rares au midi que dans les pays tempérés, et surtout qu'au nord. Je sais bien que pour l'affirmer d'une manière positive, il faudrait avoir égard à la population, et pouvoir établir les rapports, d'une part, entre le nombre des naissances et le nombre des monstres sous telle latitude, et d'autre part entre le nombre des naissances et le nombre des monstres sous telle autre latitude; mais les élémens manquent tout-à-fait pour cela; je n'ai pu que recueillir un grand nombre de faits, et compter ensuite ceux qui avaient été observés au nord et ceux qui l'avaient été au midi. J'ai trouvé ainsi, je le répète, qu'il naissait en général beaucoup plus de monstres au nord qu'au midi, mais que ce n'était pas dans des proportions égales pour chaque monstruosité. Quelques-unes sont presque exclusives aux pays froids ou tempérés, telles sont la soudure des membres abdominaux, l'hypospadias. Un grand nombre d'autres, l'hydrocéphalie, l'anencéphalie, certains arrêts de développement, sans offrir des différences aussi grandes, sont néanmoins plus rares au midi qu'au nord. D'autres monstruosités ne m'ont pas offert de différences sensibles sous le rapport de la fréquence sous les diverses latitudes; et enfin il en est qui sont certainement plus fréquentes au midi. Je citerai parmi ces dernières l'implantation troncale, qui fait une exception sous ce rapport comme sous celui du sexe dans les monstres doubles; et le vice de conformation des organes génitaux chez ces femmes que les Latins nommaient *viragines*. Cette dernière monstruosité est d'autant plus remarquable qu'elle est en rapport avec un fait inverse, je veux parler de la fréquence de l'hypospadias dans le nord, où j'en pourrais citer plusieurs exemples sur tous les mâles d'une famille. Il semble que d'un côté la nature produise par un excès d'énergie des femmes trop développées, pendant que de l'autre elle manque souvent de forces pour achever des mâles complets.

Je dois dire avant de terminer ce qui est relatif aux climats, que les connaissances anatomiques ayant été répandues de très-bonne heure dans le nord, et que des recueils scientifiques y ayant été publiés avant qu'on en eût en France, cela aurait pu contribuer avec des différences de population à faire connaître plus de vices de conformation dans le nord; mais l'Italie qui avait aussi ses anatomistes et ses observateurs, fournit cependant peu de monstres. C'est certainement le défaut de connaissances dans la Péninsule, qui fait que nous avons à peine quelques observations de monstruosités, soit en Espagne, soit en Portugal, encore les devons-nous à des voyageurs. Aussi je ne prétends pas regarder comme exactes les différences que donneraient les nombres que j'ai obtenus; mais ce sont de fortes inductions, puisque les rapports ne sont pas toujours les mêmes, et qu'il y en a d'inverses, c'est-à-dire qu'il y a des monstruosités dont la fréquence augmente en allant du midi au nord, et d'autres où elle est croissante du nord au midi.

Civilisation, *domesticité*. — Il est plus probable que l'état de civilisation dans lequel se trouve l'espèce humaine a contribué à y rendre les monstruosités plus fréquentes que dans les espèces qui se sont moins éloignées des conditions où elles étaient appelées à vivre. On en aura une preuve si l'on fait attention que, dans l'état de domesticité, les animaux sont aussi beaucoup plus sujets à produire des monstres que dans l'état sauvage. On pourrait croire que les monstres n'étant pas toujours viables, surtout lorsqu'ils doivent être réduits à leurs propres forces pour se conserver, il n'est pas étonnant qu'on ne les observe que lorsqu'ils naissent pour ainsi dire sous nos yeux. Ce qui semblerait même venir à l'appui de cette opinion, c'est que les cerfs, les daims et les lièvres monstrueux ne sont pas très-rares; mais ces espèces, cantonnées dans quelques localités où on les inquiète journellement, ne vivent-elles pas dans une sorte de demi-domesticité, ou au moins ne sont-elles pas sous l'influence de notre civilisation et dans un état pire peut-être que la domesticité? D'ailleurs, il est des vices de conformation qui n'exercent aucune influence sur la vie de l'animal, et que l'on n'observe pourtant que sur les espèces domestiques; le cinquième doigt si fréquent au tarse du chien, n'a jamais été vu sur le loup, le chacal ou toute autre espèce congénère. On a vu fort rarement, et peut-être jamais, d'animal sauvage ayant un membre surnuméraire ou quelqu'un de ces vices de conformation des organe génitaux, si fréquens dans les animaux domestiques. Enfin, nous pouvons citer comme une preuve remarquable le cyprin doré, qui vit en domesticité en Chine depuis un temps immémorial, et qui présente des anomalies que l'on ne trouve jamais dans les autres poissons. Une des plus remarquables est le dédoublement des rayons qui soutiennent les nageoires caudale et anale, qui rappelle la disposition de la plaque céphalique du rémora, et qui tend à confirmer l'analogie indiquée depuis long-temps par M. de Blainville entre cette plaque et la nageoire dorsale.

Profession. — On ne croirait pas d'abord que dans l'espèce humaine la profession des parens pût avoir quelque influence sur la production des monstres, et cependant elle en exerce certainement une très-prononcée. Dans les anciens auteurs, qui par une sorte de superstition ne regardaient comme indifférente aucune des circonstances qui entouraient la naissance d'un monstre, on peut voir qu'une partie considérable des fœtus difformes qu'ils ont décrits étaient nés chez des individus de la classe ouvrière, et souvent chez des tailleurs et des cordonniers qui vivent en effet dans des conditions très-défavorables. On peut faire la même observation encore de nos jours; à peine trouve-t-on quelques exemples de fœtus monstrueux dans les familles qui vivent dans l'aisance, ce qui est au reste tout-à-fait en rapport avec ce que nous venons de dire de l'influence des climats, de la civilisation et de la domesticité, comme causes de vices de conformation. Les partisans des causes accidentelles pourront trouver là une nouvelle preuve en faveur de leur opinion.

Vu et approuvé par le doyen de la faculté des sciences,

13 juillet 1827.

BARON THENARD.

Permis d'imprimer,

L'inspecteur général des études, chargé de l'administration de l'académie de Paris,

ROUSSEL.

www.ingramcontent.com/pod-product-compliance
Ingram Content Group UK Ltd.
Pitfield, Milton Keynes, MK11 3LW, UK
UKHW012312240726
13966UKWH00005B/1820